U0395725

“老小孩”的智能生活

随拍随秀

吴含章 编著

上海科学普及出版社

图书在版编目(CIP)数据

随拍随秀/吴含章编著.—上海:上海科学普及出版社,2018.8(2018.9重印)

("老小孩"的智能生活)

ISBN 978-7-5427-7249-7

Ⅰ.①随… Ⅱ.①吴… Ⅲ.①移动电话机—摄影技术—中老年读物 Ⅳ.①J41-49②TN929.53-49

中国版本图书馆CIP数据核字(2018)第149355号

责任编辑 刘湘雯
美术编辑 赵 斌
技术编辑 葛乃文

"老小孩"的智能生活

随拍随秀

吴含章 编著

上海科学普及出版社出版发行

(上海中山北路832号 邮政编码200070)

http://www.pspsh.com

各地新华书店经销 上海丽佳制版印刷有限公司印刷

开本 889×1194 1/16 印张 3.75 字数 120 000

2018年8月第1版 2018年9月第2次印刷

ISBN 978-7-5427-7249-7 定价:36.00元

《“老小孩”的智能生活》
丛书编委会

编者的话

互联网的迅速发展正日新月异地改变着我们的生活，从老年人到儿童，互联网深深地渗入了每个人的生活中。为了让老年人改变以往传统的生活习惯，尽快融入网络生活，我们以“记录生活、便捷生活、快乐生活”为主线，引导老年朋友一起享受信息时代新科技带来的红利。通过学习和实践，老年朋友也可以和年轻人一样，应用智能手机方便自己的生活。

在开始进入网络生活前，老年人要克服畏难情绪，只要有一部智能手机，只要有无线互联网，那么一切都变得非常简单。当然，你还要有一群志同道合的“网友”，互帮互学，不但学会用手机解决日常生活所需，还能够根据兴趣爱好或者共同的经历组成小组，一起学、一起玩，享受网络生活带来的便利和乐趣。

目 录

《“老小孩”的智能生活》丛书，正文内使用的照片由上海科技助老服务中心提供，由《“老小孩”的智能生活》丛书作者授权出版社使用。

第一章　学习前的准备

一、准备一部能拍照的智能手机

拍照手机集手机和数码相机的功能于一体，它的方便之处在于便携性强、灵活方便，可以随时随地用它来进行拍照。拍完的照片可以以多媒体的形式发送给亲朋好友，即拍即发，方便快捷。拍照手机一般都提供了照片的编辑功能，用户可以把拍摄的照片做成手机的开关机画面、壁纸等，因此拍照手机的个性化功能更加强大。

如何挑选拍照手机呢？我们首先要了解一下影响手机拍照效果的主要因素：像素、光圈（越大越好）、镜头、传感器、感光元件单位像素面积、对焦技术、成像的软件算法。

下面简单地说明一下这些因素的作用：

1. 像素

像素高的优点：

（1）高清晰度的照片。高像素的拍照手机可以拍出更高清晰度的照片。同时高像素的照片可以有层次更丰富的细节。

（2）可以冲印更大尺寸的照片。

（3）可以更方便地裁切。高像素的照片提供的裁切灵活性要比低像素的照片高得多，即使是裁切去大部分，仍然可以保留较高像素的照片。

缺点：

（1）照片尺寸变大，占储存空间较大。

（2）照片像素高，网络传输速度较慢。

2. 光圈

在选购拍照手机时，应该优先选择光圈更大的产品。一般光圈标值“F+数字”，F后面的数字越小越好，比如F1.7要比F1.9好。

大光圈的好处：

（1）更易于背景虚化（景深）。生活中，我们时常会看到背景虚化效果很强的照片，不仅突出了拍摄焦点，还具有很唯美的艺术感，而这就是所谓的景深。光圈开得越大，景深越浅，背景虚化效果就更明显。

（2）更快的快门速度。在同样的弱光环境中，更大光圈的手机可以获得更高的快门速度，更有利于稳定拍摄。

（3）夜拍有优势。光圈大则进入更多光线，弱光下易拍些。单位时间内进入的光线会更多，照片会变得更明亮，同时还能拥有更快的快门速度，而越快的快门越有利于防抖。

3. 镜头

镜头方面不多说，目前最常用的是日本的索尼和美国的OV。两款镜头各有优势，前者使用更多。在行业中一直盛传sony摄像头要比OV效果好，实际这些都是有前提的，切勿以偏概全，只相信指标而不看实际效果。

4. 传感器、单位像素面积

在镜头像素大小相同的情况下，单位像素面积越大，就意味着镜头的感光元件的面积越大，而越大的感光面积点与点之间的电磁干扰会减小，对于成像的质量也会得到相应的提升。总结就是摄影圈中经典的一句话：底大一级压死人。同样的，在感光面积大小相同的情况下，像素越小，单位像素面积才越大。

5. 对焦技术

对焦速度快更有利于抓拍。

手机对焦技术有：反差式对焦、红外对焦、激光对焦、相位对焦、全像素双核对焦。目前最常用的就是相位对焦PDAF和最新的全像素双核对焦Dual PD。

相位对焦相比反差对焦，行程缩短速度加快，但是光线不好的时候会不容易对焦。双核对焦重构了感光芯片的内部结构，使每一个对焦像素面积增大100%，平均对焦速度提升约40%，能够更好地清晰捕捉瞬间的美好。

6. 成像的软件算法方面

这个很重要，就拿苹果手机来说，在硬件方面和安卓手机对比并不怎么占优势，但是拍照效果就非常好，这就是它的成像算法比较好。目前成像软件算法比较好的除了苹果手机以外，OPPO手机的成像算法也是相当不错的。

以上介绍了一些影响手机拍照效果的主要因素。现在市场上销售的智能手机都具有拍照功能，品牌型号众多。根据手机的不同配置分为不同的档次，价格也相差较大。选择什么样的手机，这主要看个人的喜好及经济情况。一般来说，内存及存储容量大的手机，运行速度相对快一些，更有利拍照和存储。也有一些厂家推出了以拍照为卖点的手机，这些手机加强了拍照功能的设置，为拍好照片提供了更好的性能。

二、了解手机拍照的特点

1. 了解你的手机

要用手机拍出满意的照片，先要了解你的手机。通常，手机的拍照功能里都有场景、人脸识别、人像美化、全景、延时曝光等常用项目。

场景：拍照功能强大的手机一般都支持这些场景：普通、智能、微距、人像、风景、运动、夜景、雪景等，接近于专业的数码单反。拍照前尽量将手机的拍照模式调到对应的场景，便于系统找准最恰当的光圈、焦距和快门时间，控制好白平衡。当然，绝大多数老年人在掏出手机拍照时，都不会想到去调到合适的场景，所以建议平时就把场景设置到“智能”这个档上就好了。

人脸识别：现在几乎所有的智能手机都有这个功能，而且是自动的。

人像美化/美颜：这一功能可以在拍照的同时实现祛斑、磨皮、调整肤色等需求，有的甚至可以实现瘦脸、美瞳……但注意，拍摄风景的时候要把这个选项关掉，不然会损伤画质。

全景：全景是个非常好玩的功能，以前只能通过使用数码相机+三脚架+后期PS来完成，现在只要端着手机转一圈，就可以把遇到的壮美的山峦、怡人的海滩、缤纷的彩虹、绚丽的晚霞等365° 全景收入一张照片中。

慢速快门/延时曝光：这又是一个非常好玩的功能。当年这曾是单反相机的专利，如今也开始移植到了手机上。慢速快门/延迟曝光特别适合拍摄夜晚川流不息的人群与车流，创造有趣的光涂鸦。读者也可以尝试在这个模式下，让手机与拍摄主体保持同步运动和相对静止的关系，捕捉速度带来的不一样的拍摄效果。

2. 手机与数码相机的区别

手机照相机不完全等同于大家理解的数码相机,虽然照相的原理一样,但它们的区别还是很明显的。我们要了解手机照相机与数码照相机的一些区别才能更好地掌握拍照手机的正确使用。

（1）变焦功能的区别

手机照相机与数码相机最明显的区别之一就是光学变焦功能。拍照手机由于机身轻薄的设计和手机续航的要求,基本上都没有实现光学变焦功能,仅支持数码变焦功能，但光学变焦和数码变焦的区别相差非常大。光学变焦是通过移动镜片位置来放大倍率，达到望远放大的功能，是不会影响实际照片的细节；但数码变焦则相反，它是通过软件方式截取成像面上的一部分进行软件插值放大，以达到变焦的效果。就像一张固定尺寸的图片，用软件不断放大某个局部，就会使图像越来越模糊并产生马赛克现象，照片放大倍数越大其画质损失越严重，所以在拍照时慎用数码变焦功能。

（2）闪光灯的区别

拍照手机对比数码相机另一个明显区别是配置的闪光灯有所不同。除了极少数手机上配置了相机上大功率的氙气闪光灯，其他的基本上都是配置的LED闪光灯，这两种灯的主要区别是在发光强度和照射范围上，由此影响夜间和低光场景的拍照效果。我们知道，从手机的硬件和结构设计出发，是很难把体积更大的氙气灯作为拍照手机的标准配置的。同时氙气灯功率大，耗电量也明显增加，如果使用频繁，会大大缩短手机电池的续航时间，从而影响手机最基本的使用。因此，拍照手机所配置的LED闪光灯功率有限，对于室内的拍照需求基本是可以满足的，但如果是在夜间的室外环境，还是尽量把拍照距离控制在1米以内，否则会影响拍摄效果。

（3）焦距与景深的区别

数码相机，特别是数码单反相机可以更换不同焦距、不同用途的镜头，所以有较大的视场范围并能根据创作需要很好地控制画面的景深。

手机照相机的镜头焦距通常是固定的，而且焦距比较短，所以一般的手机拍不出突出主体的浅景深。因为光圈和焦距的固定，只能改变拍照距离。我们可以使用手机相机的微距功能，也可以拍出不错的背景虚化主体突出的照片来，这点可以很好地利用。现在已经有了大光圈拍照手机，这为改善手机拍照控制画面景深提供了条件。

第二章　手机拍摄

要想用手机拍出一张满意的照片，我们就要学习和掌握一些基本的摄影知识及拍摄技巧。

当我们拿起手机准备拍摄时，首先要明确拍什么、怎么拍、拍出什么效果？要实现这一目的，就需要掌握最基本的构图方法。

一、什么叫做“构图”

怎样理解“构图”一词呢？在《辞海》中是这样解释“构图”的：“构图”是艺术家为了表现作品的主题思想和美感效果，在一定的空间安排和处理人、物的关系和位置，把个别或局部的形象组成艺术的整体。

通俗地讲，构图就是在拍摄时如何在取景器（画面）里摆放我们要拍摄的人、景、物。

构图是一个形象思维过程，在拍摄现场要求我们把所看到的自然景物（人），按照我们的拍意图理出顺序，进行取舍，通过构图来传递我们要表达的信息。在很大程度上构图决定着构思的实现，决定着一幅作品的成败。

二、构图方法

1. 黄金分割率

黄金分割率也称黄金比值。黄金比值最早是由古希腊人发现的，直到19世纪被欧洲人认为是最美、最协调的比例，被广泛应用在工艺美术和工业、建筑的设计中。黄金分割率是构图的原则之一，也是构图的基本规律。

黄金分割率简单地讲，是指事物各部之间的一定的数学比例关系，即一个整体一分为二，较大部分与较小部分之比。比的结果为1∶1.618(约5∶8)，按照这个比例关系，组成的任何对象，都表现了变化的统一，显示出内部关系的和谐。

黄金分割率比例

2. 九宫格

九宫格即“三分构图法”，是黄金分割率的一种基本表现形式，也是摄影构图中使用最多的基本方法之一。在摄影构图时，画面的横向和纵向平均分成三份，各分隔线条的交叉处叫做视觉中心，也称趣味中心。我们平时在看一张照片时，目光通常会优先被吸引到趣味中心的位置，所以在拍照时尽可能将主体事物安排在趣味中心附近。

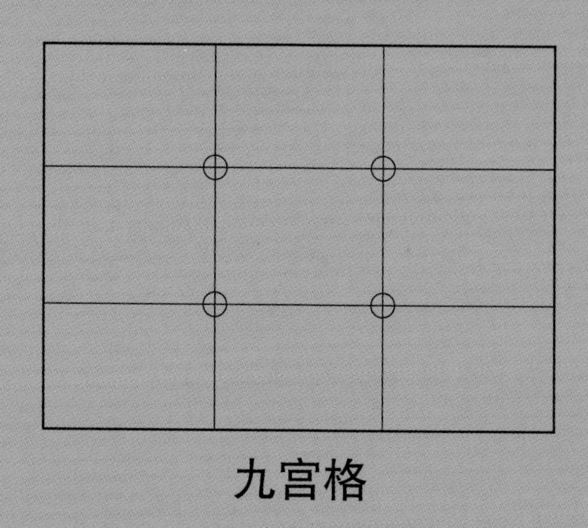

九宫格

九宫格的运用：将想要拍摄的主体事物安排在九宫格趣味中心的附近！（如下面三张示例图）

图1

图2

图3

对于初学者怎样在拍照时找到黄金分割点呢？其实在很多的相机中，包括一些手机相机中都内置有构图辅助线功能，开启这个功能就会自动地在取景器中添加构图辅助线，来帮助进行构图。

3. 摄影构图的多种形态

在我们摄影的过程中，会遇到不同地域、不同场景等很多的情况，在构图方法上也要灵活运用，这里介绍几种构图形式。

（1）对角线构图

对角线构图是指将主体安排在画面的对角线位置上，让主体在画面上呈现出一种对角关系。

图4

这种构图方式可以使拍摄出的画面得到很好的纵深效果与立体效果，画面中的线条还可以吸引人的视线，让画面看起来更加动感有活力，达到突出主体的效果。

（2）S形曲线构图

所谓S形曲线构图，就是指利用画面中具有类似英文字母“S”形的曲线元素来构建画面的构图方法。

图5

构图并不要求一定是一个完美的S形曲线，它可以是一些并没有完全形成S形的曲线，也可以是弧度很小的曲线，这些元素都可以进行S形曲线构图。

如以下几张示例图：

图6

图7

一般S形曲线构图多用在拍摄风光题材的照片中，比如森林中的林间小路、平原中的小溪河流等，都是比较常见的S形曲线元素。

图8

当然也可以利用S形曲线拍摄美女人像，可以很好地展现出女性身材特有的曲线魅力。

图9

（3）对称式构图

对称式构图是指利用画面中景物所拥有的对称关系来构建画面的拍摄方法。

图10

对称构图往往会给我们带来一种稳定、正式、均衡的感受。

图11

图12

（4）框架式构图

框架式构图是比较经典的构图方式，当被摄主体周围出现一些框架元素时（窗户、门框、洞口等），我们便可以用来进行构图拍摄。

图13

图14

（5）汇聚线构图

汇聚线构图就是指出现在画面中的一些线条元素向画面相同的方向汇聚延伸，最终汇聚到画面中的某一位置，利用这种线条的汇聚现象来进行构图拍摄的方式就是汇聚线构图。

图15

图16

汇聚线构图可以使画面产生强烈的视觉冲击效果，也让画面更具空间立体感。

以上介绍的是几种基本的构图形式，但任何构图形式都是为我们要表达的主题服务的，所以在拍摄中不要拘泥于某种形式，要根据实际情况灵活运用。

三、画面构成

在构图时，我们还要了解和掌握画面的结构形式，在许多情况下我们要拍摄的画面中不单单只有主体，还有陪体、前景、背景等诸多环境要素，这些画面构成要素处理得如何，将影响到画面主题表现是否成功。

1. 主体

主体是画面中所要表现的主要对象，是反映内容主题的主要载体，也是画面构成的结构中心。主体可以是某一个拍摄对象，也可以是一组被拍摄对象，也可以是人，也可以是物。

下面我们通过一组示例图来体现主体的不同形态：

图17

导银志愿者
上海市科技助老志愿者总队
《百万老人刷卡无障碍计划》
《啄木鸟导银科普计划》
导银志愿者
上海市科技助老志愿者总队
《百万老人刷卡无障碍计划》
《啄木鸟导银科普计划》
数码志愿者
上海市科技助老志愿者总队
《老科勒生活新知视频拍摄计划》
数码志愿者
上海市科技助老志愿者总队
《老科勒生活新知视频拍摄计划》

图18

图19

图20

所以主体在构图形式上起着主导作用。在拍摄时，首先要考虑主体在画面中的位置安排、大小比例，然后再决定和相应安排其余的视觉形象如陪体、环境等。要运用一切可能因素，使主体引人注目、一目了然，直接呈现在观众面前。

图21，运用三分法突出了主持人；图22、23运用三分法和拍摄角度，分别突出了医生和病人。

图21

图22

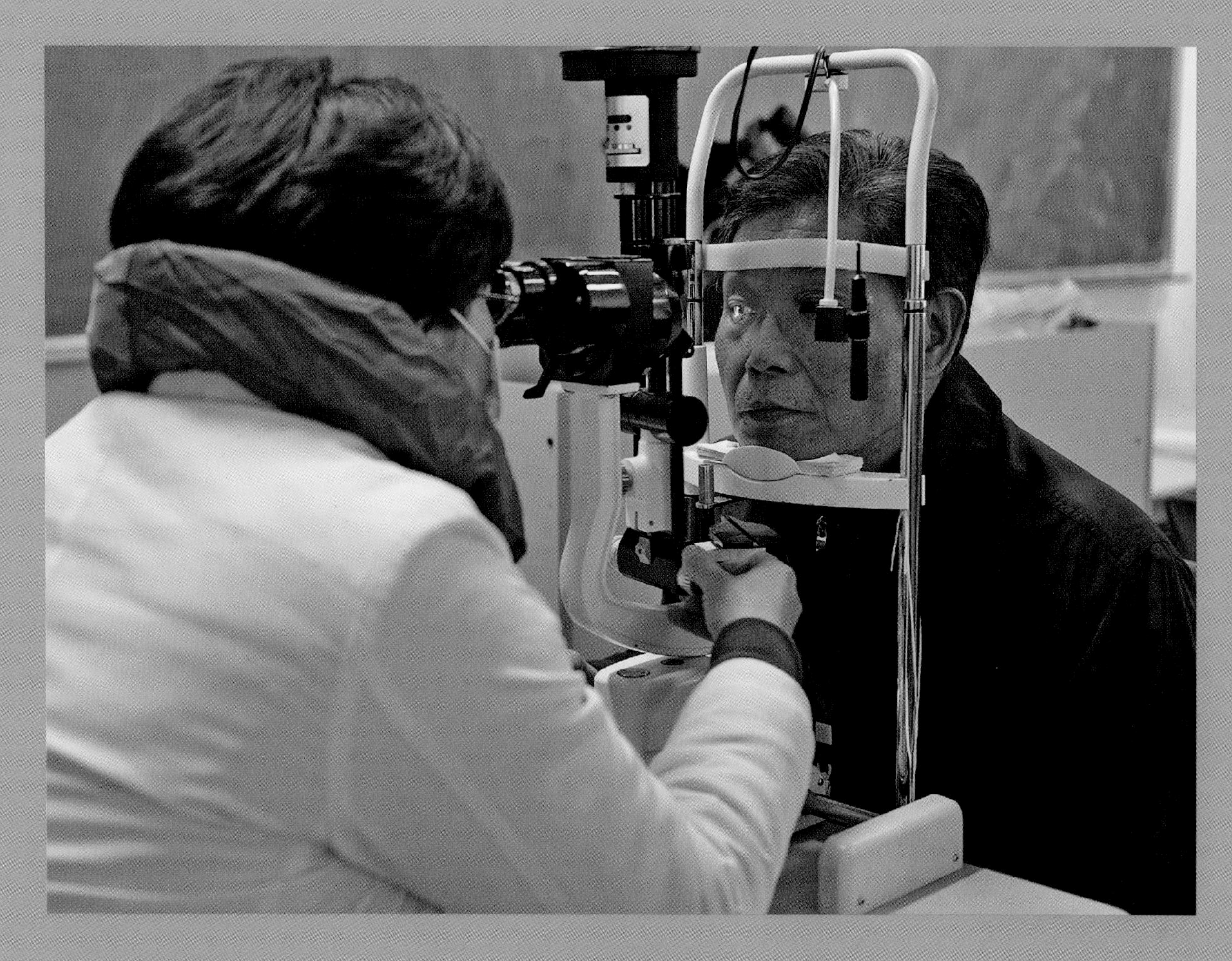

图23

2. 陪体

陪体是指与主体有着紧密联系，在画面中与主体构成特定的关系，是辅助主体表现主题的对象。在画面处理时，陪体既能与主体构成呼应关系，又不能分散观众的视觉注意力，更不能喧宾夺主。

图24，画面人物比较生动，但表达的主题不清；图25，我们看到人物对面的飞镖、飞镖盘，飞镖、飞镖盘就是画面中的陪体，有了陪体，画面所要表达的主题一目了然。

图24

图25

图26，画面中一个老人，面前有三角架、照相机，老人是画面的主体，三角架、照相机是陪体，通过陪体我们知道老人在拍照，但在拍什么？给人以想象的空间；图27，画面中的小女孩是陪体，有了陪体，画面所要表达的内容就清楚了。

图26

图27

图28画面中的乒乓球，图29画面中的雪都是陪体，有了陪体画面就生动了许多。

图28

图29

3. 前景

前景在画面中位于主体之前，或是靠近镜头位置的人物、景物，统称为前景。前景有时可能是主体，但大多数的情况下是环境的组成部分。前景在画面中有着特殊的作用，帮助主体表达主题，表现时间概念、季节特征和地方色彩，同时增加画面的空间感和造型美。

下面由一组示例图来展示前景的多种形态：

图30

图31

图32

图33

图34

4. 背景

背景是指画面中位于主体背后的景物，属于“大环境”的组成部分。可以是山峦、大地、天空、建筑，也可以是一面墙、一块幕布或一扇窗等。它可以交代环境特征、增加画面的信息量、增加画面的真实感等。特别是我们外出旅游，拍摄纪念照时一定要选择有地域特点的环境背景，这样更有纪念意义。

进站口
Entrance
向东60米
向西50米
东南出口
Southeast Exit
100米
西南出口
Southwest Exit
100米
人工售票处
Ticket Office
230米
西行包房
West luggage Room
220米
180米
Coach Terminal
Metro

图35

图36

图37

法无定法，摄影构图的方法也不是死规则，但掌握构图的基本规律和基本方法，是学摄影的必修课，它能使我们在摄影过程中少犯一些低级错误，在学习摄影的道路上少走弯路，并逐步提高摄影水平。

第三章　图片处理与分享

社区发展
智能手机拍照
1、如何拍出清晰的照片
选择拍照，就点击图下面的大圆图标
选择录像，就点击下面的摄像机图标
屏幕中出现被拍对象，轻触屏幕中的主要拍摄对象进行对焦距（注意手持相机要稳），直到清晰就可以点击大圆点拍摄。

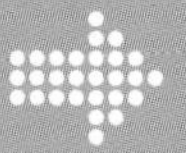

一、图片处理

手机照相机已经成为大众主要拍摄器材，手机拍摄有一定的局限性，那么就需要图像软件来处理，提高照片的质量。

目前，手机修图软件很多，可以根据自己的喜好来下载APP使用。这里给大家介绍两款常用的图片处理应用：“美图秀秀”和“指划修图”Snapseed手机图片编辑软件，这两款软件比较好用并容易上手，可以满足大多情况下的使用。

在应用市场或者APP Store中搜索“美图秀秀”或“指划修图”就能找到该应用软件，下载安装即可。

1. 美图秀秀

美图秀秀是一款免费图片处理的软件，是一款不用学习就会操作的美图软件，比Adobe Photoshop简单很多。

美图秀秀的图片特效、美容、拼图、场景、边框、饰品等功能，加上每天更新的精选素材，可以让读者1分钟做出影楼级照片。

首先打开美图秀秀，点击美化图片。会自动读取手机相册内储存的照片，接下来找到自己想要修改与美化的图片，点击选取进入修改页面。

图38

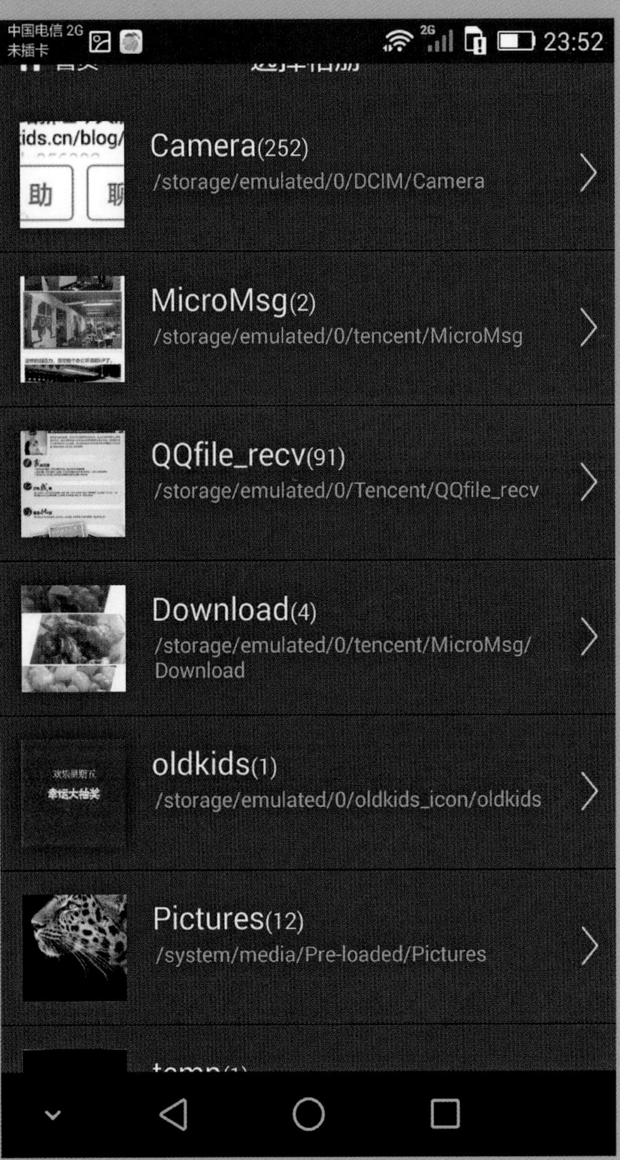

图39

图40

在图片最下方有一排美化图片的按钮。

图41

常用的有："智能优化"可以自动美化图片。"编辑"可以裁剪、旋转、锐化图片。"增强"可以对图片调整对比度、亮度等。"特效"是内部自带的可以选择的特殊效果。调整好后请记得选择"√"确认一下，并点击右上角的"保存与分享"。

2. 指划修图

指划修图Snapseed是由工具和滤镜两部分组成的，可以对照片进行多种细节处理，包括亮度、环境、对比度、饱和度、白平衡、锐化等，支持拉伸、旋转以及剪裁。工具里最主要的亮点是照片的局部修复功能，可以把一张照片不理想的局部地方调亮或调暗，修复处理相片多余的部分以突出照片主题。

在滤镜方面，指划修图Snapseed 可以制作黑白、复古、戏剧、移轴等多种风格，基本上可以把原始照片改得面目全非，修图后的效果犹如出自摄影家之手。

操作步骤如下：

（1）打开Snapseed后我们可以看到Snapseed主界面只有一个打开照片的选项。

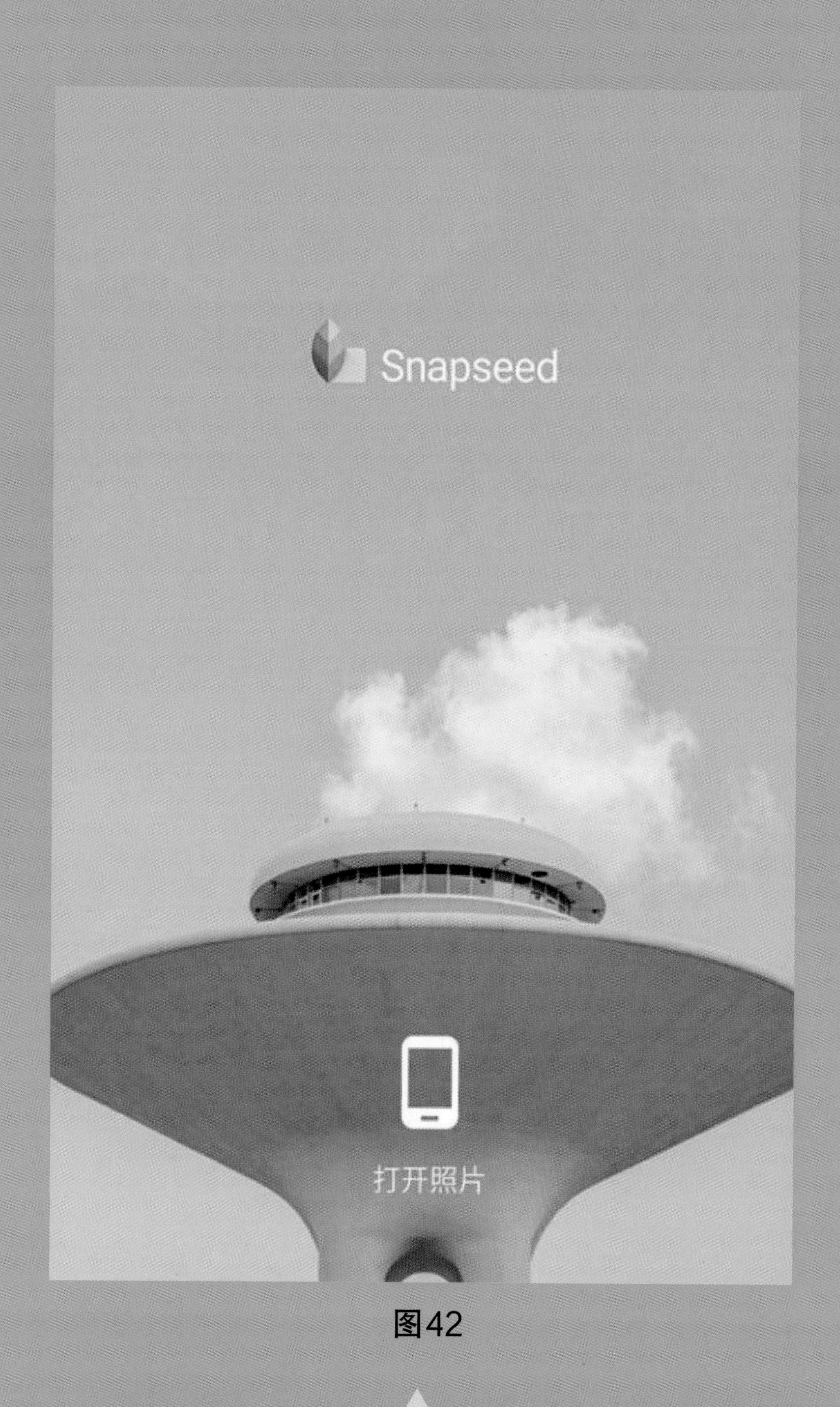

图42

（2）我们点击打开照片以后就会出现最近所拍的照片，以及最近选项下方的图片库，在这里面我们找到想要修饰的图片并点击该图片。

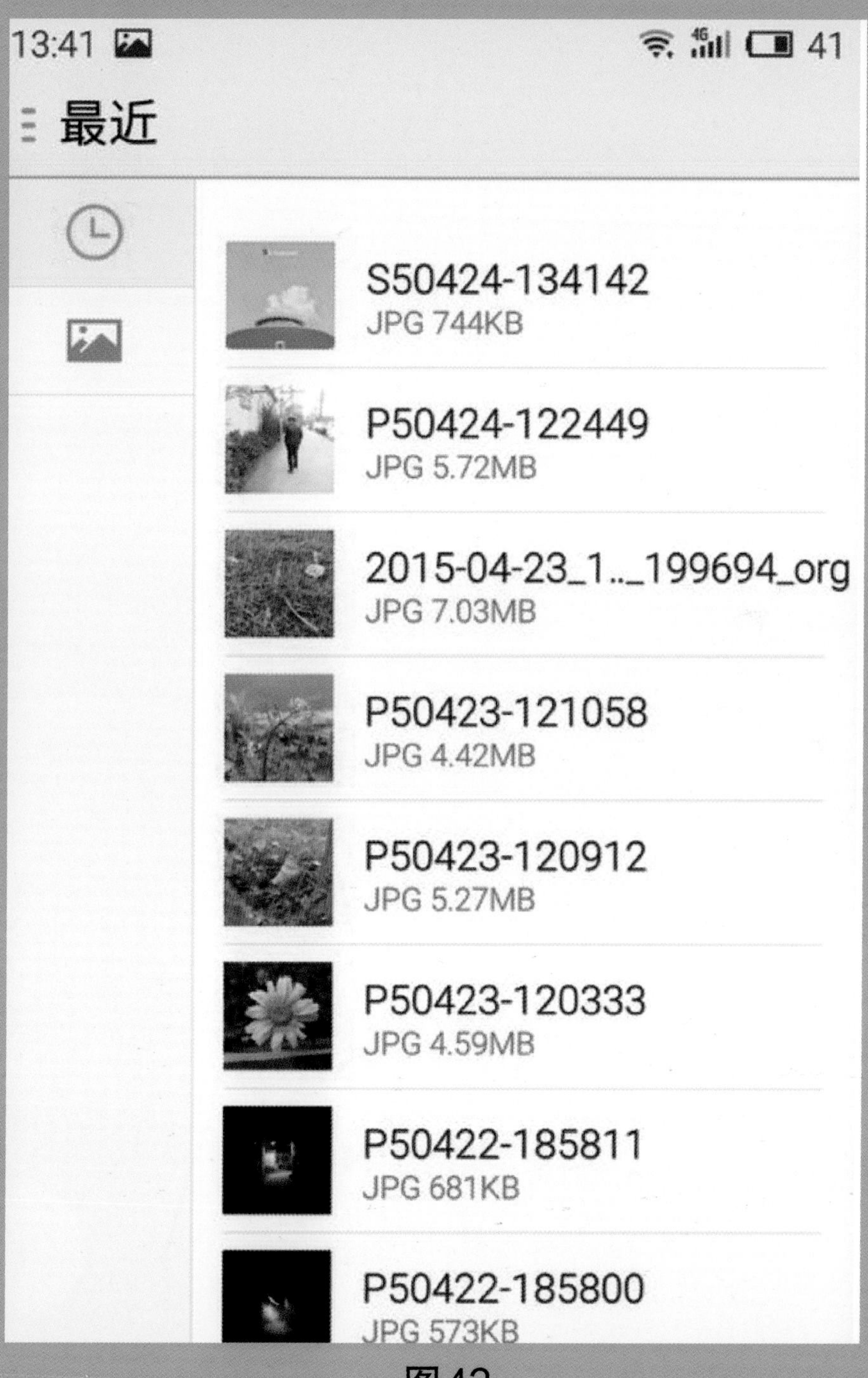

图43

（3）这样我们就会进入Snapseed的正式修图界面了。在这个界面中我们可以看到右下角的加号图标，这个图标可以理解为修图选项。

图44

（4）我们点击这个修图选项，可以看到有工具和滤镜两种修图选项，我们随意进入一个工具的选项中，这里我们就简单演示一下操作的方法。

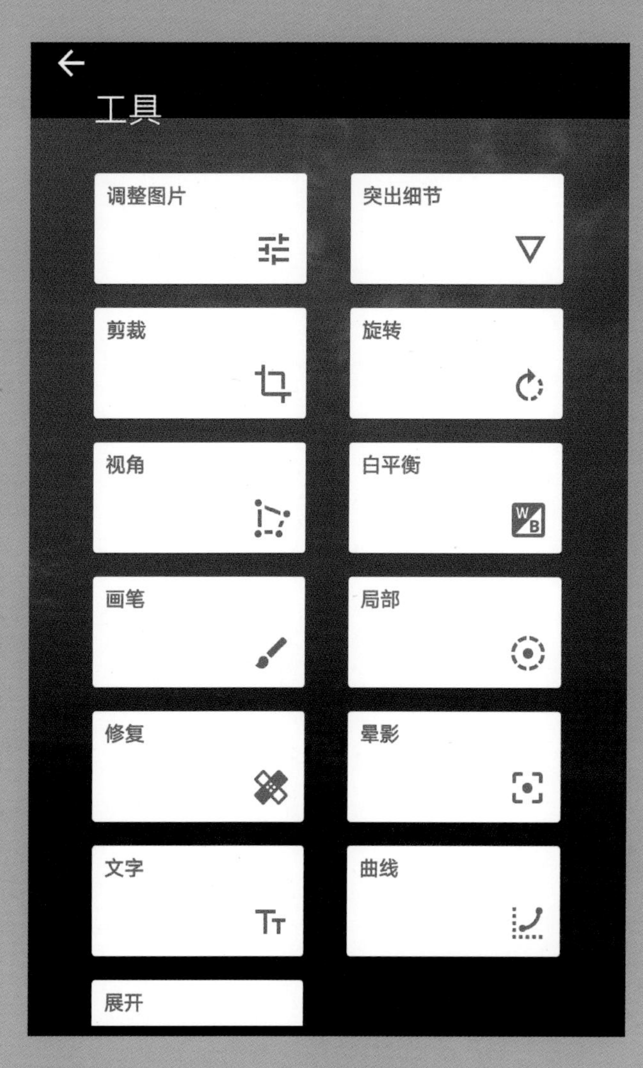

图45

图46

（5）我们点击“调整图片”，就会进入调整图片的界面（外观和开始差不多，但操作界面选项确是不同）。我们用手指在图片的位置触摸屏幕下滑，是不是可以看到许多修图用到的工具呢？手指滑到想要使用的工具，这时候在图片的区域左右移动，这样就可以调整诸如亮度的百分比等参数。

二、图片分享

分享照片是一件非常愉快的事情，下面我们通过五步来操作一下如何分享手机里的照片，享受分享照片的乐趣。

第一步，找到手机里存放照片的地方。在安卓手机里，存放照片的地方在“图库”，在苹果手机里存放照片的地方在“照片”。后面的步骤就大同小异了。

图47

第二步，打开图库后，选择一张需要分享的照片。

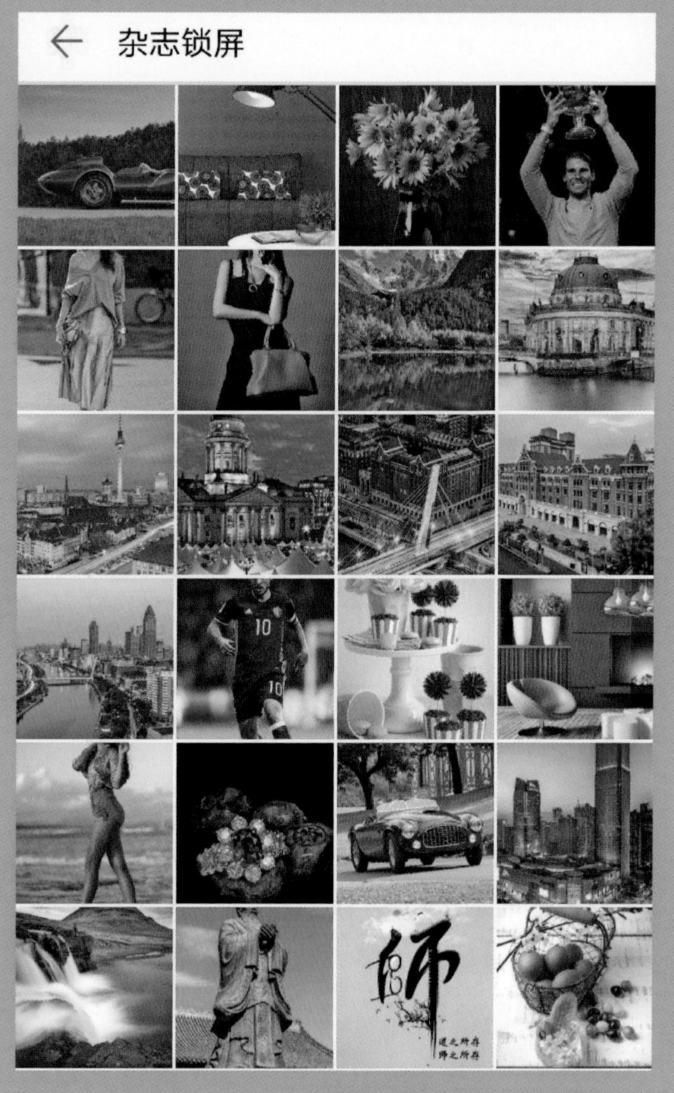

图48

第三步，打开图片后，点击“分享”图标 。

图49

第四步，选择分享的方法。可以分享至微信好友、朋友圈、QQ好友、微博、邮件等。

图50

第五步，选择分享给谁。如分享给好友，选择“发送至微信好友”后，选择想分享的对象，确定后照片就如你所愿分享给了你的微信好友。

后记

今年父亲节，一则短视频在朋友圈里疯传，视频里退了休的父亲到处去应聘，只为了一个简单的目的：跟着时代“进修”一下，再次做一个跟得上时代的老爸，成为女儿心中永远的“超人”。女儿长大了，好久没“麻烦”老爸了，不需要爸爸那个过去的“超人”了。老爸燃起了多看看年轻人的世界、多学学的念头，就是为了让女儿能够多需要老爸一些。“我们的独立是爸爸的骄傲，但我们的依赖是爸爸这辈子都不想脱掉的小棉袄。”片尾的这句话触动了我。我们真的应该做些什么，让老人家们能够不再为路边拦不到出租车、不会用PAD点菜等烦恼了。科技的进步和信息化的便捷理应惠及老年人群。

“老小孩”智能生活丛书就是帮助老年人掌握基本的智能手机应用。其实智能手机并不难学，只要克服了心理障碍，多练练，很快就能上手的。就如年近九十的南京路上好八连第一任指导员王经文所说，耐心点学，学会了上网，世界就在你的眼前。真心希望这套丛书能带领老年朋友走进数字生活，让老年人都能跟得上时代，让子女们再次为爸妈而骄傲。

编写这套丛书的过程其实很辛苦，常常熬夜。我不由得想起十几年之前我父亲吴小凡不辞辛劳为老年人编写《中老年人学电脑》和《中老年人学网络》两套丛书，最终因积劳成疾过早离开了我们。我也想以这套丛书来告慰我父亲的在天之灵，谢谢您创办了老小孩网络社区，谢谢您给了我坚持十八年为老服务的力量。

2018年6月24日